T/CAGHPER 090—2024

目　次

前言 .... Ⅲ
引言 .... Ⅳ
1 范围 1
2 规范性引用文件 1
3 术语和定义 1
4 总则 2
　4.1 调查目的 2
　4.2 主要任务 2
　4.3 基本要求 3
5 工作程序 3
　5.1 设计书编写 3
　5.2 资料收集与野外调查 3
　5.3 数据整理与分析 3
　5.4 成果编制 3
6 调查内容 4
　6.1 矿山基本情况 4
　6.2 自然生态状况 4
　6.3 矿山生态损毁状况 4
7 调查方法 5
　7.1 资料收集 5
　7.2 遥感解译 5
　7.3 实地调查 6
　7.4 物探 7
　7.5 钻探 7
　7.6 山地工程 7
　7.7 样品采集与测试 7
8 评价分析 7
　8.1 评价要求 7
　8.2 评价指标及方法 8
　8.3 评价结果 8
9 数据库建设 8
10 成果编制 8

I

10.1 文字成果 … 8
10.2 图件成果 … 8
附录 A（资料性附录） 矿山生态损毁调查项目设计书编写提纲 … 9
附录 B（资料性附录） 矿山生态损毁调查成果报告编写提纲 … 11
附录 C（规范性附录） 矿山生态损毁野外调查表 … 13
附录 D（资料性附录） 矿山生态损毁状况评价指标 … 19
附录 E（规范性附录） 矿山生态损毁数据库建设 … 22

前　言

本规范按照 GB/T 1.1—2020《标准化工作导则　第 1 部分：标准化文件的结构和起草规则》的规定起草。

本规范附录 A、B、D 为资料性附录，附录 C、E 为规范性附录。

本规范由中国地质灾害防治与生态修复协会提出并归口。

本规范起草单位：中国地质环境监测院、中国地质工程集团有限公司、广东省国土空间生态修复协会、中钢集团马鞍山矿山研究总院股份有限公司、河南省地质局生态环境地质服务中心、四川省地质环境调查研究中心、陕西亿波希北生态环保服务有限公司、广州市城市规划勘测设计研究院有限公司、贵州理工学院、鄂尔多斯市自然资源局综合保障中心、鄂尔多斯市能源局、内蒙古伊泰煤炭股份有限公司、北京华茂荣达科技开发有限公司、黑龙江省齐齐哈尔地质勘查院。

本规范主要起草人：王志一、王小兵、张德强、王娜、王頔、张进德、李正、张召、周天智、魏健豪、白光宇、周巾枚、刘莉玲、李强、孙东、李大猛、赵波、刘伟、刘志方、张国强、刘迅嘉、徐燕香、柴芳、白宇、余辉、邹先敏、李松、朱磊、舒建冬、杨涛、马龙、王荣、朱倩颖、陈耀轩、高乃昌、张兆进、周天成、何培雍、余洋、张旭、吴莲花、张家頔。

本规范由中国地质灾害防治与生态修复协会负责解释。

引 言

为贯彻落实（原）国土资源部、工业和信息化部、财政部、（原）环境保护部、国家能源局于2016年印发的《关于加强矿山地质环境恢复和综合治理的指导意见》，推进国土空间生态保护与修复工作，规范矿山生态损毁调查工作流程、技术方法和要求，根据《土地复垦条例》《矿山地质环境保护规定》《地质环境监测管理办法》《矿山地质环境保护与恢复治理方案编制规范》和《矿山地质环境保护与土地复垦方案编制指南》，制定本规范。

矿山生态损毁调查工作除应符合本规范外，还应符合国家现行相关法律法规、政策、强制性标准和技术规范。

T/CAGHPER 090—2024

矿山生态损毁调查技术规范(试行)

1 范围

本规范规定了矿山生态损毁调查的相关术语和定义、总则以及工作程序、调查内容、调查方法、评价分析、数据库建设、成果编制的要求。

本规范主要适用于矿产资源勘查、开采、关闭后的矿山生态损毁调查等技术工作。

2 规范性引用文件

下列文件中的内容通过文中的规范性引用而构成本规范必不可少的条款。其中,注日期的引用文件,仅该日期对应的版本适用于本规范;不注日期的引用文件,其最新版本(包括所有的修改单)适用于本规范。

GB/T 15968 遥感影像平面图制作规范
GB 15618 土壤环境质量 农用地土壤污染风险管控标准(试行)
GB/T 21010 土地利用现状分类
GB 50021 岩土工程勘察规范
TD/T 1070.1 矿山生态修复技术规范 第1部分:通则
DZ/T 0392 矿山环境遥感监测技术规范
DZ/T 0064.2 地下水质分析方法 第2部分:水样的采集和保存
TD/T 1049 矿山土地复垦基础信息调查规程
DZ/T 0282 水文地质调查规范(1:50 000)
DZ/T 0287 矿山地质环境监测技术规程
DZ/T 0289 区域生态地球化学评价规范
DZ/T 0153 物化探工程测量规范
DZ/T 0221 崩塌、滑坡、泥石流监测规范
DZ/T 0190 区域环境地质勘查遥感技术规定(1:50 000)
DZ/T 0097 工程地质调查规范(1:50 000)

3 术语和定义

下列术语和定义适用于本规范。

3.1
矿山生态损毁 mine ecological destruction

指矿山生产建设活动导致的地质灾害及隐患、地形地貌破坏、土地资源损毁和植被生物资源破坏等。

3.2
地形地貌破坏 topographic landscape destruction

指因矿山建设与采矿活动而改变原有的地形条件与地貌特征,造成地形坡度和标高变化、土地毁坏、山体破损、岩石裸露等现象。

3.3
矿山地质灾害 mine geological disasters

指矿山开采和相关工程的建设活动诱发的矿山崩塌及其隐患、矿山滑坡及其隐患、矿山地面塌陷及其隐患、矿山地裂缝及其隐患等。

3.4
土地资源损毁 destruction of mine land resources

指矿山生产建设过程中因挖损、塌陷、压占,以及选矿后的尾矿污染等造成矿区土地资源完全或者部分丧失土地原有的功能。

3.5
生物资源破坏 destruction of biological resources in mines

指采矿活动引起的生态环境问题导致生态碎片化、动物栖息地破坏、生物多样性损失等。

3.6
矿山生态修复参照生态系统 mine ecological restoration reference system

围绕矿业人为扰动因素造成的环境条件的改变,从区域生态格局定性或定量地给出区域生态系统功能定位和作为生态恢复基准的本地未发生退化的生态系统。

3.7
土壤调查 soil survey

通过对土壤剖面形态及其周围环境的观察、描述记载和综合分析比较,对土壤的发生演变、分类分布、肥力变化和利用改良状况进行研究、判断。

3.8
植被遥感反演 vegetation remote sensing inversion

根据地表植被电磁波特征产生的地面反射率等遥感影像特征,以遥感影像为已知量,去推算能反映绿色植物的生长状况和分布的特性参数。

4 总则

4.1 调查目的

4.1.1 通过开展矿山生态损毁调查工作,查明矿山生态损毁类型、规模及危害,分析评价矿产资源开发对区域生态环境的影响。

4.1.2 提出矿山生态修复对策建议,为矿山生态修复提供依据。

4.2 主要任务

4.2.1 开展矿山基本情况和自然生态状况调查。

4.2.2 开展矿山开发引起的生态损毁问题及其影响调查,主要包括矿山地质灾害及隐患、地形地貌破坏、土地资源损毁、植被生物资源破坏等特征。

4.2.3 开展矿山生态修复措施及效果调查,主要包括矿山地质灾害防治措施及效果、矿山土地复垦与生态恢复成效。

4.2.4 进行矿山生态损毁影响评价。根据区域自然生态背景特征、矿产资源开发利用情况等，分析区域、矿山矿产资源开发的生态环境影响。

4.2.5 提出矿山生态修复对策建议。

4.2.6 建立矿山生态损毁调查数据库。

4.3 基本要求

4.3.1 调查范围以采矿活动影响到的区域范围为主，可适当扩展到周边区域；充分体现生态系统完整性，统筹考虑矿山所在的地理单元和生态功能空间。

4.3.2 矿山生态损毁调查应全面收集、利用和集成工作区域内已有的相关工作原始资料和成果资料，充分考虑区域经济与矿业发展需求，注重调查成果的实用性。

4.3.3 考虑矿山生态损毁调查的综合性，工作内容包括矿山生态损毁调查评价，以及矿山生态损毁的影响调查与评价。

5 工作程序

5.1 设计书编写

5.1.1 调查目的是设计书编写的主要依据，在编写设计书之前应认真理解任务书内容，明确目标任务、实物工作量、预期成果和经费安排。

5.1.2 设计书应在充分收集和分析前人资料的基础上编写，其内容应符合有关的标准、规范要求，依据充分，技术路线和工作部署明确，内容完整，重点突出，预算合理，可操作性强。

5.1.3 设计书编写提纲见附录 A。

5.2 资料收集与野外调查

5.2.1 充分收集以往工作、成果等资料并进行综合分析，了解矿区地理位置、范围，矿山类型和特点，开采方式和开发强度以及存在的主要矿山生态环境问题等，确定野外调查重点，制订野外调查工作计划。

5.2.2 按照野外调查工作计划，对矿山生态环境问题及影响和矿山生态修复成效进行实地调查。

5.3 数据整理与分析

5.3.1 对通过资料收集和野外调查所取得的数据表格、野外文字记录、典型照片、手图或草图、成果图、文字报告等按区域进行分类整理，登记编号，装订成册。

5.3.2 对各类数据进行验证、审核与汇总，制作数据分类统计表，按照不同需求进行数据分类统计、归纳分析，为区域矿山生态损毁综合评价和矿山生态修复提供数据支撑和决策依据。

5.3.3 通过分析调查数据资料，对矿山生态损毁现状进行评价，分析预测矿山生态环境变化趋势，提出矿山生态修复和综合治理的对策建议。

5.4 成果编制

5.4.1 成果报告应全面、系统、客观地反映工作区的工作情况和工作成果，内容应简明扼要、重点突出，论证充分，结论明确，附图附表齐全，图件清晰、美观，文图表统一。

5.4.2 成果报告应包括文字报告、成果图件、数据库和相关附表等。成果报告编写提纲详见附录B。

6 调查内容

6.1 矿山基本情况

6.1.1 主要包括矿山名称、地理位置、矿山面积、建矿时间、生产规模、生产能力、开采矿类与矿种、采矿方式、生产状态、开采面积、开采深度层位以及矿山周边已实施的生态修复治理工程情况等。

6.1.2 矿山基本情况野外调查表见附录C中的表C.1。

6.2 自然生态状况

6.2.1 自然地理。主要包括矿山所在生态单元的地形地貌、气象水文、土壤类型、植被覆盖及生物多样性等。

6.2.2 地质环境条件。主要包括区域地层岩性、地质构造、水文地质、工程地质、环境地质等。

6.2.3 区域生态系统功能和定位。主要包括矿山所在区域水源涵养、水土保持、生物多样性维护、防风固沙等生态功能，以及所在区域的重要生态系统类型、生态保护红线、生物保护多样性优先区、自然保护地分布情况等。

6.2.4 社会经济状况。主要包括矿山所在区域（乡镇）内村庄、人口、农业、工业、经济发展水平、重要城镇基础设施、交通干线等。

6.2.5 矿山自然生态状况野外调查表见附录C中的表C.1。

6.3 矿山生态损毁状况

6.3.1 矿山地质灾害及隐患调查。包括采矿活动已经引发的地质灾害的类型、规模、影响范围、危害程度、发生时间、发生地点、发生原因、处置情况等，以及今后的采矿活动可能遭受、引发或加剧的地质灾害的类型、规模、所处位置、影响范围、威胁对象、危险性和危害程度、防治措施等。可参照《崩塌、滑坡、泥石流监测规范》(DZ/T 0221)执行。

6.3.2 地形地貌破坏调查。包括采矿活动影响破坏的地形地貌景观类型、位置、面积、破坏方式和影响程度等。

6.3.3 含水层破坏调查。包括采矿活动影响到的地下含水层类型、矿坑充水水源和充水途径、矿坑排水量、地下水位下降幅度、地下水流量变化情况、被疏干的含水层面积等。可参照《水文地质调查规范(1∶50 000)》(DZ/T 0282)执行。

6.3.4 土地资源损毁调查。包括因采矿挖损、塌陷、压占造成的土地损毁的现状地类、位置、面积、原因、影响程度（塌陷积水情况）、已治理面积、治理措施等；采矿活动破坏区域的表层土壤质地类型、位置、面积、原因、影响程度、已治理面积、治理措施等。土地利用现状分类按照《土地利用现状分类》(GB/T 21010)执行。

6.3.5 植被破坏调查。包括矿山建设与开采前林地、草地、湿地等原生生态系统类型和面积，矿山建设和开采后已进行生态恢复的林地、草地、湿地的面积、质量等，并基于土壤、降水、地形地貌等条件判断尚未恢复的矿山的植被恢复潜力。

6.3.6 矿山生态修复成效调查。包括已实施治理的内容、治理时间、资金投入渠道、治理资金数额、综合治理面积、主要治理措施、治理成效等。

6.3.7 矿山生态损毁野外调查参照表见附录C中的表C.2和表C.3。

7 调查方法

7.1 资料收集

7.1.1 基本要求

a) 资料收集工作应在野外调查、遥感解译等工作开展之前进行。
b) 重点收集调查区域遥感、气象、水文、地质、植被、人类工程活动等基础信息资料,矿山勘查和开发利用历史上形成的地质勘查报告、开发利用方案、环境影响评价报告、地质环境保护与恢复治理方案、土地复垦方案、水土保持方案等;对实施井工开采的矿山,应尽可能收集采掘工程平面图、井上下对照图或开拓系统图等。
c) 通过资料分析初步掌握矿产资源的分布特点及赋存条件,矿山企业类型及开采方式,主要存在的矿山生态环境问题。另外,在项目工作前期阶段,可以通过收集的资料及遥感解译确定调查的重点与难点。

7.1.2 资料类型

a) 生态地质背景资料,包括气象与水文、地形地貌、地层岩性与地质构造、水文地质、工程地质、地质灾害、土地利用、植被概况及生物多样性特征、其他人类工程活动,要尽可能收集区域地质、水文地质、工程地质剖面图。
b) 矿山开采设计或采区设计、开采规划等矿产资源开发利用资料。
c) 矿业活动对地质环境影响资料。
d) 矿山生态环境治理恢复资料。
e) 森林草原湿地资源及生态状况监测数据资料。
f) 农用地土壤污染状况详查和污染源普查数据资料。
g) 其他有关方面的资料。

7.1.3 收集渠道

a) 向自然资源、煤炭、冶金、水利、林业、农业、环保、能源(包括核能)、交通、气象等行业部门及矿山企业收集相关资料。
b) 在矿山现场召集由矿山企业的管理人员和技术管理人员参加的座谈会,了解矿山开采与矿山生态环境问题及其防治措施。

7.2 遥感解译

7.2.1 卫星遥感数据选择

a) 遥感数据源应选择调查实施期间最新时相卫星遥感数据或航空遥感数据,遥感数据应层次丰富、纹理清晰、色调均匀、反差适中;云量覆盖应小于5%。
b) 卫星遥感资料以国产高分辨率卫星遥感影像为主,辅以其他高分辨率卫星遥感影像,地面分辨率应优于1 m。
c) 重点区域可采用更高分辨率的航空遥感影像或无人机倾斜摄影测量,地面分辨率宜优于

0.3 m。

d) 数字正射影像图(DOM)比例尺应不小于调查比例尺。DOM 制作具体操作步骤和方案按照《遥感影像平面图制作规范》(GB/T 15968)的规定执行。

7.2.2 遥感解译内容

a) 遥感解译内容主要包括地质灾害及隐患、地形地貌破坏、土地资源损毁、植被破坏等。
b) 遥感解译标志包括形态、大小、色调、阴影、图案、纹理等直接标志及位置、地貌、结构、排列和组合方式等间接标志。具体可参照《矿山环境遥感监测技术规范》(DZ/T 0392)、《区域环境地质勘查遥感技术规定(1∶50 000)》(DZ/T 0190)执行。

7.2.3 遥感解译方法

a) 采用人机交互方式判读地质灾害及隐患、地形地貌破坏、土地资源损毁、植被破坏等各类信息并利用 GIS 软件进行界线勾画。具体可参照《矿山地质环境监测技术规程》(DZ/T 0287)执行。
b) 植被覆盖度采用像元二分模型概率累计求参法,进行植被覆盖度遥感定量反演。具体参照《矿山土地复垦基础信息调查规程》(TD/T 1049)执行。
c) 野外查证的遥感解译图斑数量不小于解译图斑总量的30%,对于属性存疑的图斑和危及城镇、重要建筑物、矿山设施、交通、村庄等地质灾害及隐患的遥感解译图斑应进行100%的现场查证。

7.3 实地调查

7.3.1 采取点面结合的方法,布设控制性调查路线,调查区域主要自然生态条件,追索主要的生态环境问题及影响范围。按照《水文地质调查规范(1∶50 000)》(DZ/T 0282)、《工程地质调查规范(1∶50 000)》(DZ/T 0097)、《物化探工程测量规范》(DZ/T 0153)开展调查。

7.3.2 在实施调查中充分利用自然资源"一张图",查询和采集矿山土地利用现状以及矿山所处的区位条件。

7.3.3 野外调查采用1∶10 000 或更大比例尺的地形图做工作底图,根据实际工作需要可应用已配准的大比例尺遥感解译影像作为野外工作辅助图件。

7.3.4 按调查内容逐项调查,用 GPS 方法进行定位,用野外记录本做好野外记录,填写矿山生态损毁野外调查表。将调查路线、矿山生态损毁的类型和分布等标绘在野外工作用图上。

7.3.5 在调查过程中用数码相机对典型矿山生态环境问题进行记录。照片内容包括矿山全貌、地下开采矿山的主井口、露天开采矿山的采场及典型生态环境问题等。

7.3.6 对矸石堆及各种地质灾害的规模、井(泉)流量等须定量描述的数据,应采用相关的测量工具实测获得,不能目估确定。

7.3.7 对于矿区干扰区域选取代表性区域构建样地(样方),在矿山破坏区域与原生对照区各设置样地(样方)不少于3块,样地内获取实测数据分析生物多样性特征并进行持续监测。

7.3.8 监测植被恢复情况及生物多样性演替特征,样地数量及分布应符合统计学的要求,重点获取样地内植物的高度、盖度、密度、生物量、物候期、生活力、生活型、冠径等关键指标。样地的选取可采用简单随机抽样法、系统抽样法或分层随机抽样法进行。

7.3.9 调查评价区内植被类型及其分布、植被分布规律、典型植被群系的群落结构特征(覆盖率、面积、结构与功能)、植被类型的生物量和生产力以及景观生态结构和特点。

7.3.10 调查区域内关键种、本地乡土物种、建群种和特有种,明确其分布、生长环境,标明种群数量、坐标和高程。

7.3.11 深入矿区周边,走访矿山周围居民,向群众了解矿山开采过程中对矿区周边生态环境造成的影响。

7.3.12 在野外调查工作中,对于矿区存在的重大和典型的矿山生态环境问题应进行详细的专项调查。

7.4 物探

7.4.1 对工作区的实际踏勘,选用合适的物探方法。对于单一方法不易明确判定或较复杂的矿山生态问题,须采用两种或两种以上物探方法组合。

7.4.2 具体调查流程、方法、精度要求按照《物化探工程测量规范》(DZ/T 0153)执行。

7.5 钻探

7.5.1 对矿山范围内的滑坡、地面塌陷、采空区、地下含水层破坏等问题的规模、危害及影响采用钻探技术进行详细调查。

7.5.2 具体钻探技术要求按照《岩土工程勘察规范》(GB 50021)、《物化探工程测量规范》(DZ/T 0153)执行。

7.6 山地工程

7.6.1 一般采用坑探、槽探和井探等轻型工程,以了解岩体与土层界线、破碎带宽度、构造现象、岩脉宽度及延伸方向、包气带结构、地裂缝和滑坡等特征。

7.6.2 需进行详细编录描述和编制地质展示图等。

7.6.3 具体山地工程技术要求参照《工程地质调查规范(1:50 000)》(DZ/T 0097)执行。

7.7 样品采集与测试

7.7.1 在矿山生态损毁调查过程中,现场采集岩(土)体、土壤、水体、植被样品等并进行测试分析,确定矿业开发对水、土、植被环境的影响;取样参照《土壤环境质量 农用地土壤污染风险管控标准(试行)》(GB 15618)、《地下水质分析方法 第2部分:水样的采集和保存》(DZ/T 0064.2)、《区域生态地球化学评价规范》(DZ/T 0289)执行。

7.7.2 采样区域不仅包括矿区范围,还包括矿产资源开发可能影响到的区域。

7.7.3 具体样品封存、运输和分析测试方法参照《矿山生态修复技术规范 第1部分:通则》(TD/T 1070.1)规定的方法执行。

8 评价分析

8.1 评价要求

8.1.1 采用定性定量相结合,文字和图件相结合的表现形式。

8.1.2 将每项评价指标信息矢量化、分级并标注到评价对象图斑属性信息表中,评价图斑每一项指标均需要赋值。

8.2 评价指标及方法

8.2.1 评价指标主要包括区位重要性、地质灾害及隐患、地形地貌破坏、土地资源损毁和植被破坏等。

8.2.2 分析矿山地质灾害及隐患、地形地貌破坏、土地资源损毁和植被破坏等生态损毁的分布、规模、特征、严重程度和危害等，采用层次分析法、专家打分法进行评价。

8.3 评价结果

8.3.1 单矿山（图斑）生态损毁评价。依据区位重要性，对地质灾害及隐患、地形地貌破坏、土地资源损毁、植被破坏等进行分项判断分级（参照附录D中表D.1）。根据各单要素评价分级结果赋值，按照指标权重系数计算分值（参照附录D中表D.2），按计算分值将生态损毁状况划分为3级。

  a) Ⅰ级（严重）：评分结果6分及以上。
  b) Ⅱ级（较严重）：评分结果4～6分。
  c) Ⅲ级（较轻）：评分结果小于4分。

8.3.2 区域矿山生态损毁状况评价。依据矿山（图斑）评价结果，以县级（或乡镇级）行政区为单元进行统计分析，将区域矿山生态损毁状况划分为严重区、较严重区和轻微区。

  a) 严重区：区内Ⅰ级和Ⅱ级图斑面积数占总破坏面积数≥60%。
  b) 较严重区：区内Ⅰ级和Ⅱ级图斑面积数占总破坏面积数的40%～60%。
  c) 轻微区：区内Ⅰ级和Ⅱ级图斑面积数占总破坏面积数＜40%。

9 数据库建设

9.1 矿山生态损毁调查数据库的数据内容主要包括矿山基本情况数据、生态损毁基本状况数据和植被破坏数据。

9.2 数据库建设参见附录E。

10 成果编制

10.1 文字成果

10.1.1 编制矿山生态损毁调查成果报告。报告应建立在资料整理、分析测试、综合研究的基础上，并对矿山生态损毁状况及其影响进行分析，预测矿山生态环境变化发展趋势，提出矿山生态修复和综合治理的对策建议。

10.1.2 调查成果报告的编写应客观真实反映调查评价，重点突出，层次清晰，图文并茂。

10.1.3 调查成果报告编写大纲参见附录B。

10.2 图件成果

10.2.1 包括实际材料图、矿山生态损毁问题图、矿山生态损毁状况评价图。

10.2.2 图件应包含地形信息，应有图名、图例、比例尺、指北针、制图单位、制图人、制图时间，并注明图内的乡镇名、水系以及图件所用坐标系和高程基准。

附 录 A
（资料性附录）
矿山生态损毁调查项目设计书编写提纲

第一章 前言

主要包括项目总体目标任务、年度工作任务、年度工作量、工作起止时间等。

第二章 工作区概况

主要包括自然地理与社会经济、区域地质、水文与水环境、矿产资源开发利用情况、矿山主要生态环境问题、矿山生态保护和修复情况等内容。

第三章 以往工作总结评述

主要包括对以往工作程度的总结梳理和目前存在的主要问题。

第四章 技术路线和工作方法

充分收集以往工作成果资料，在此基础上按照轻重缓急和突出重点的原则，开展调查区的生态环境背景、矿山生态环境问题以及对周边环境的影响情况的调查。通过对调查数据资料的汇总、整理、归纳、分析，评价矿山生态环境现状，分析预测矿山生态环境变化发展趋势，提出矿山生态修复和综合治理的对策建议。

参照《矿山生态损毁调查技术规范》(T/CAGHPER 090—2024)的调查方法。

第五章 工作部署

根据任务书的要求，有针对性地阐述总体工作思路和部署原则，对工作做出总体部署；视具体情况分阶段提出工作内容，并附相应的工作部署图；年度调查工作主要工作内容与任务衔接，工作安排要详细具体。

第六章 工作量

完成目标任务设计的实物工作量。

第七章 预期成果及效益分析

主要包括总体预期成果、年度成果和预期产生的生态、经济和社会效益等内容。

第八章 组织机构及人员安排

主要包括项目承担单位的综合资质、项目人员安排等内容。

第九章 经费预算

主要包括经费预算依据、经费构成与计算方法、经费来源与筹措方式、绩效评价等。

第十章 保障措施

主要包括技术力量保障、装备保障、经费保障。

附件

附图、附表。

附 录 B
（资料性附录）
矿山生态损毁调查成果报告编写提纲

前言

第一章 概述

第一节 背景情况
任务来源、承担单位、经费投入、任务周期等。

第二节 实施情况
工作部署、工作方法及完成的主要工作量。

第三节 主要成果及质量评述

第二章 区域概况

第一节 自然地理

第二节 社会经济概况
区位条件、产业结构特征、六中工业设施及交通条件、社会经济发展状况等。

第三节 地质环境背景
重点阐述区域与矿山开发关系密切的水文地质、工程地质条件、环境地质条件、原生生态问题。

第三章 矿山开发现状

矿山数量、类型及规模、开采方式等分类描述。

第四章 主要矿山生态环境问题

第一节 矿山生态损毁类型
矿山生态损毁问题类型、总体特征等。

第二节 矿山生态环境问题及影响
详细阐述地质灾害及其隐患、土地资源及地形地貌破坏、植被破坏等问题的数量、规模、影响、分布等。

第五章 矿山生态损毁状况评价

第一节 评价原则

第二节 评价方法
阐述地质灾害及其隐患、地形地貌破坏、土地资源损毁、植被破坏单要素评价，以及矿山生态损毁状况综合评价的过程和方法。

第三节 评价结果
按地质灾害及隐患、地形地貌破坏、土地资源损毁、植被破坏等单要素评价，以及矿山生态损毁综合评价,分别阐述评价结果。

第六章 结论与建议

  第一节 结论
  第二节 建议

附 录 C
（规范性附录）
矿山生态损毁野外调查表

矿山基本情况野外调查表见表C.1，矿山生态损毁野外调查表见表C.2，矿山植被破坏野外调查表见表C.3。

表C.1 矿山基本情况野外调查表

矿山名称				
地理位置	市　　　县　　　乡（镇）　　　村　　　组			
中心点坐标			高程	m
地形地貌	□平原;□山脚;□斜坡;□河谷;□阶地;□冲沟;□洪积扇;□残丘;□洼地;□其他			
矿类		矿种		
面积	hm²	生产状况	□在产　□废弃	
采矿方式	□井工　□露天　□复合　□其他	土地权属		
所处区位条件				
永久基本农田	□在永久基本农田内;□不在永久基本农田内			
生态保护红线	□在生态保护红线范围内;□不在生态保护红线范围内			
自然保护区	□国家公园内;□自然保护区核心保护区内;□自然保护区一般控制区内;□自然公园内;□不在自然保护区范围内			
水源地保护区	□不在水源地保护区内;□一级水源地保护区内;□二级水源地保护区内			
城镇村周边	距离城镇村□≤1 km;□1 km~2 km;□2 km~5 km;□>5 km			
交通干线两侧	□≤0.5 km;□0.5 km~1 km;□1 km~2 km;□>2 km			
县域自然地理				
年平均降水量	mm	极端降水量		mm
年积温	℃	气候类型		
地下水类型	□上层滞水;□潜水;□承压水;□孔隙水;□裂隙水;□岩溶水			
平面图及照片	主要描述、表达矿山范围、区位、周边地物等空间信息			

调查人：　　　　　记录人：　　　　　审核人：　　　　　　　　　　　　　调查日期：　　年　月　日

填表说明

1. 矿山名称(图斑名称):填写矿山全称(与采矿许可证一致),非独立矿山或无采矿许可证的,可填写遥感图斑编号。

2. 地理位置:矿山所在地详细地址。

3. 中心点坐标:矿山(图斑)所在地经纬度坐标,用度、分、秒表示;地下开采以井口坐标为准,露天开采以矿区中心点为准。

4. 地形地貌:矿山(图斑)所处的地形地貌特征,在列出的相应方格中打钩。

5. 矿类:按能源、黑色金属、有色金属、铂族金属、贵金属、特种金属、冶金辅助原料非金属、稀有稀土及分散元素、化工原料非金属、建材及其他非金属、水气矿产填写。

6. 矿种:填写具体的矿石品种。

7. 面积:采矿许可证上的矿山面积,如无采矿许可证,按矿界范围之内在地形图上投影的平面面积填写。单位:hm^2。

8. 生产状况:在产或者废弃,在列出的相应方格中打钩。

9. 采矿方式:井工、露天、复合(井工+露天)或其他方式,在列出的相应方格中打钩。

10. 土地权属:选择国家土地使用权、集体土地使用权或其他。

11. 永久基本农田:矿山(图斑)是否在永久基本农田范围内,在列出的相应区前方格中打钩。

12. 生态保护红线:地形地貌及土地资源破坏是否在生态保护红线范围内,在列出的相应区前方格中打钩。

13. 自然保护地:矿山(图斑)是否在国家公园、自然保护区核心保护区、自然保护区一般控制区、自然公园内,或不在自然保护区范围内,在列出的相应区前方格中打钩。

14. 水源地保护区:矿山(图斑)是否在一级水源地保护区、二级水源地保护区内,或不在水源地保护区内,在列出的相应方格中打钩。

15. 城镇村周边:矿山(图斑)与城镇村的最近距离远近,在列出的距离前方格中打钩。

16. 交通干线两侧:地形地貌及土地资源破坏与交通干线两侧的距离远近,在列出的距离前方格中打钩。

17. 年平均降水量:矿山(图斑)所属区域(县域)年平均降水量。

18. 极端降水量:矿山(图斑)所属区域(县域)近5年极端降水量。

19. 年积温:矿山(图斑)所属县域一年内平均气温≥10 ℃持续期间日平均气温总和。

20. 气候类型:矿山(图斑)所属县域的气候类型,黄河流域包括高原山地气候、温带干旱大陆性气候、温带半干旱大陆性气候、温带半湿润季风性气候、温带湿润季风性气候等。

21. 地下水类型:矿山(图斑)所处区域的地下水类型。

T/CAGHPER 090—2024

表 C.2 矿山地质环境破坏野外调查表

<table>
<tr><td colspan="5">矿山名称</td><td colspan="5"></td></tr>
<tr><td rowspan="20">地质安全隐患</td><td colspan="3">地质灾害类型</td><td colspan="7">□崩塌及其隐患　□滑坡及其隐患　□地面塌陷</td></tr>
<tr><td rowspan="5">崩塌及其隐患</td><td colspan="2">编号</td><td colspan="3"></td><td>坐标</td><td colspan="3">北纬：　　　　东经：</td></tr>
<tr><td colspan="2">斜坡类型</td><td colspan="8">□自然土质　□自然岩质　□人工岩质　□人工土质</td></tr>
<tr><td colspan="2">看岩体规模等级</td><td colspan="8">□巨型　□大型　□中型　□小型</td></tr>
<tr><td colspan="2" rowspan="2">威胁对象</td><td colspan="8">□村镇　□居民点　□学校　□矿山　□工厂　□水库　□电站　□农田　□饮灌渠道</td></tr>
<tr><td colspan="8">□公路　□河流　□铁路　□输电线路　□通信设施　□其他：</td></tr>
<tr><td rowspan="5">滑坡及其隐患</td><td colspan="2">编号</td><td colspan="2"></td><td>坐标</td><td colspan="4">北纬：　　　东经：</td></tr>
<tr><td colspan="2">滑坡类型</td><td colspan="2">□推移式滑坡
□牵引式滑坡</td><td>滑体性质</td><td colspan="4">□岩质　□碎块石　□土质</td></tr>
<tr><td rowspan="2">基本特征</td><td colspan="2">规模等级</td><td colspan="6">□巨型　□大型　□中型　□小型</td></tr>
<tr><td colspan="2">平面形态</td><td colspan="6">□半圆　□矩形　□舌形　□不规则</td></tr>
<tr><td colspan="2" rowspan="2">威胁对象</td><td colspan="7">□村镇　□居民点　□学校　□矿山　□工厂　□水库　□电站　□农田　□次灌渠道</td></tr>
<tr><td colspan="7">□公路　□河流　□铁路　□输电线路　□通信设施　□其他：</td></tr>
<tr><td rowspan="8">地面塌陷</td><td colspan="2">编号</td><td colspan="3"></td><td>区域边界坐标</td><td colspan="3">北纬：　　　东经：</td></tr>
<tr><td rowspan="2">塌陷坑</td><td>长轴</td><td colspan="2">短轴</td><td>深度</td><td>面积</td><td colspan="3">形状</td></tr>
<tr><td>m</td><td colspan="2">m</td><td>m</td><td>m²</td><td colspan="3">□圆形　□椭圆形　□方形　□其他：</td></tr>
<tr><td rowspan="2">塌陷区</td><td colspan="3">坑个数</td><td colspan="2">分布面积</td><td colspan="3">排列形式</td></tr>
<tr><td colspan="3"></td><td colspan="2">km²</td><td colspan="3">□集群式　□长列式</td></tr>
<tr><td rowspan="3">地裂缝</td><td colspan="2">单缝特征</td><td colspan="2">延伸方向</td><td>长度</td><td>宽度</td><td colspan="2">形态</td></tr>
<tr><td colspan="2"></td><td colspan="2"></td><td>m</td><td>m</td><td colspan="2">□直线□折线□弧线</td></tr>
<tr><td colspan="2" rowspan="1">群缝特征</td><td colspan="7">分布、发育及发生发展情况
裂缝数　　　分布面积　　　排列形式
　　　　　　km²　　　　　□集群式　□长列式</td></tr>
<tr><td colspan="3">照片</td><td colspan="7"></td></tr>
<tr><td colspan="2">地形地貌</td><td colspan="3">破坏类型及面积</td><td colspan="7">□山体破坏　　hm²，山体破坏高度　　m；□堆积面积　　hm²，堆积体高度　　m；
□露天采坑　　hm²，采坑深度　　m；□其他：</td></tr>
<tr><td rowspan="7">土地资源</td><td colspan="2">损毁方式及面积</td><td colspan="8">□露天采场　hm²；□挖损边坡　hm²；□工业广场　hm²；□废石（土、渣）堆场　hm²；
□煤矸石堆　hm²；□地面塌陷　hm²；□地裂缝　hm²；□崩塌　hm²；□滑坡　hm²；□其他</td></tr>
<tr><td colspan="2">土地利用类型及面积</td><td colspan="8">□耕地　hm²；□园地　hm²；□林地　hm²；□草地　hm²；□建设用地　hm²；
□其他地类　hm²</td></tr>
<tr><td colspan="2" rowspan="4">表层土壤质地</td><td colspan="2">壤质</td><td>面积</td><td colspan="5">hm²；厚度　　　m</td></tr>
<tr><td colspan="2">黏质</td><td>面积</td><td colspan="5">hm²；厚度　　　m</td></tr>
<tr><td colspan="2">砂质</td><td>面积</td><td colspan="5">hm²；厚度　　　m</td></tr>
<tr><td colspan="2">砾质或更粗</td><td>面积</td><td colspan="5">hm²；厚度　　　m</td></tr>
</table>

调查人：　　　　记录人：　　　　审核人：　　　　　　　　　　　　调查日期：　年　月　日

15

填表说明

1. 地质灾害类型：按照表格提供的崩塌及其隐患、滑坡及其隐患、地面塌陷3种类型进行勾选。

2. 编号：矿山地质灾害情况调查表的序号。

3. 一个地质灾害填一张表，如两个崩塌填两张崩塌表格。

4. 地面塌陷、地裂缝表格，如塌陷区、裂缝区是分开的，分表填写，各表只填写塌陷内容或地裂缝内容。

5. 地质灾害编号。崩塌：图斑编号＋BT＋序号。滑坡：图斑编号＋HP＋序号。地面塌陷、地裂缝（单区或复合区）：图斑编号＋DLT＋序号。

6. 斜坡类型：按照表格提供的自然土质、自然岩质、人工岩质、人工土质4种类型，根据崩塌及其隐患现场进行勾选。

7. 危岩体参数可实际测量后填写。危岩体规模等级：大于 $100×10^4$ m^3 为巨型，$10×10^4$ m^3 ～ $100×10^4$ m^3 为大型，$1×10^4$ m^3 ～ $10×10^4$ m^3 为中型，小于 $1×10^4$ m^3 为小型。

8. 滑坡参数可实际测量后填写。滑坡规模等级：大于 $1\,000×10^4$ m^3 为巨型，$100×10^4$ m^3 ～ $1\,000×10^4$ m^3 为大型，$10×10^4$ m^3 ～ $100×10^4$ m^3 为中型，小于 $10×10^4$ m^3 为小型。

9. 滑坡平面形态按照半圆、矩形、舌形、不规则4种情况根据实际进行勾选。

10. 地形地貌破坏类型：填写造成地形地貌破坏的原因，在列出的相应类型前方格中打钩，填写破坏的面积、高度等参数；如选其他，将具体破坏类型填写于其后。

11. 土地资源利用类型及面积：按耕地、园地、林地、草地、建筑用地、其他地类选择填写，并填写每一类土地的面积，单位为 hm^2。

12. 壤质：目前矿山（图斑）范围内，土壤的类型为壤质的面积和厚度。土壤中砂粒（0.002 mm～0.02 mm）含量大于45%的土壤。

13. 黏质：目前矿山（图斑）范围内，土壤的类型为黏质的面积和厚度。土壤中黏粒（<0.002 mm）含量大于25%的土壤。

14. 砂质：目前矿山（图斑）范围内，土壤的类型为砂质的面积和厚度。土壤中砂粒（0.02 mm～2 mm）含量大于50%的土壤。

15. 砾质或更粗：目前矿山（图斑）范围内，土壤的类型为砾质或更粗的面积和厚度。土壤中砂粒（>2 mm）含量大于55%的土壤。

16. 厚度：指对应质地类型的土壤在剖面中的垂直分布深度，单位为m。

表 C.3 矿山植被破坏野外调查表

矿山名称							
占用前	林地	总面积	hm²，其中自然保护地面积			hm²	
		郁闭度或覆盖度	乔木林	郁闭度≥0.4：	hm²	郁闭度＜0.4：	hm²
			竹林	郁闭度≥0.4：	hm²	郁闭度＜0.4：	hm²
			灌木林	覆盖度≥60%：	hm²	覆盖度＜60%：	hm²
		保护等级	Ⅰ级： hm²	Ⅱ级： hm²		Ⅲ级： hm²	Ⅳ级： hm²
		天然	国家级公益林：	hm²	地方公益林： hm²	商品林：	hm²
		人工	国家级公益林：	hm²	地方公益林： hm²	商品林：	hm²
	草地	总面积	hm²，其中自然保护地面积：		hm²		
		覆盖度	覆盖度≥60%：	hm²	覆盖度 20%～60%：		hm²
			覆盖度＜20%：	hm²			
	湿地	总面积	hm²，其中自然保护地面积：		hm²		
		类别	自然保护湿地：	hm²	湿地公园内的湿地：		hm²
			其他自然保护区内的湿地： hm²		非自然保护地内的湿地：		hm²
现状	已恢复	郁闭度或覆盖度	乔木林	郁闭度≥0.4：	hm²	郁闭度＜0.4：	hm²
			竹林	郁闭度≥0.4：	hm²	郁闭度＜0.4：	hm²
			灌木林	覆盖度≥60%：	hm²	覆盖度＜60%：	hm²
			草地	覆盖度≥60%：	hm²	覆盖度 20%～60%：	hm²
				覆盖度＜20%：	hm²		
	未恢复	仅适宜恢复为林地、草地、湿地以外的其他土地					hm²
		不具备恢复条件					hm²
		具备恢复条件	按适宜恢复类型分	可恢复为乔木林地：			hm²
				可恢复为灌木林地：			hm²
				可恢复为草地：			hm²
				可恢复为湿地：			hm²
			按适宜恢复措施分	工程措施恢复：			hm²
				人工造林种草：			hm²
				人工促进：			hm²
				自然封育：			hm²
照片	占用林地、草地、湿地全貌，占用林地、草地、湿地现地类型照片						

调查人： 记录人： 审核人： 调查日期： 年 月 日

填表说明

1. 占用前：指矿山开采之前图斑情况。
2. 保护等级：指林地保护等级。
3. 现状：指开展调查评价工作时图斑现地情况。
4. 仅适宜恢复为林地、草地、湿地以外的其他土地：指按原有土地利用类型恢复为林地、草地、湿地以外其他土地的面积。
5. 不具备恢复条件：指通过任何措施都无法恢复林地、草地、湿地的面积。
6. 可恢复为乔木林地：一般指具备恢复条件且适生土壤厚度大于或等于 50 cm 的面积。
7. 可恢复为湿地：计划恢复为湿地且具备恢复湿地条件的面积。
8. 可恢复为灌木林地：一般指具备恢复条件且适生土壤厚度在 30 cm（含）～50 cm 的面积。
9. 可恢复为草地：一般指具备恢复条件且适生土壤厚度在 10 cm（含）～30 cm 的面积。

T/CAGHPER 090—2024

附 录 D
（资料性附录）
矿山生态损毁状况评价指标

表 D.1 矿山生态损毁单要素评价分级表

分级	区位重要性	地质灾害及隐患	地形地貌破坏	土地资源损毁	植被破坏
严重	国家公园、自然保护区核心保护区；永久基本农田内；城镇村周边1 km范围内；交通干线两侧0.5 km范围内	地质灾害及隐患点数量≥3处；地质灾害规模大型以上、存在安全隐患；废弃井口数量大于1个；存在安全隐患；影响到城市、乡镇、重要行政村、重要交通干线、重要工程设施及各类保护区安全	破坏山体高度>50 m；露天采坑深度>50 m；地表堆积高度>20 m	破坏山体面积>1 hm²；露天采坑面积>2 hm²；地表堆积面积>2 hm²；砂质或更粗粒面积>50%	占用林地、草地、湿地100 hm²（含）以上；自然保护地内的林地、草地、湿地；Ⅰ级保护地、天然国家级公益林、湿地；暂不具备恢复条件、或者只适宜恢复为林地、草地、湿地以外的其他土地
较严重	国家公园、自然保护区一般控制区、自然公园；城镇村周边1 km~2 km范围内；交通干线两侧0.5 km~1 km范围内	地质灾害及隐患点数量≥2处；地质灾害规模中型；废弃井口数量大于1个；影响到村庄、居民聚居区、一般交通线和较important工程类设施安全	破坏山体高度20 m~50 m；露天采坑深度20 m~50 m；地表堆积高度10 m~20 m	破坏山体面积0.5 hm²~1 hm²；露天采坑面积0.5 hm²~2 hm²；地表堆积面积0.5 hm²~2 hm²；砂质面积>50%	占用林地、草地、湿地10 hm²（含）以上；Ⅰ级以外、郁闭度大于0.4（不含）以下的乔木林地、竹林地；植被覆盖大于60%的灌木林地和草地；非自然保护地内的地方公益林、人工国家级公益林；已经恢复为其他林地、草地、湿地的草地；已具备恢复林地、草地、湿地条件
较轻	自然保护地以外的生态保护红线区域；城镇村周边2 km~5 km范围内；交通干线两侧1 km~2 km范围内	地质灾害及隐患点数量≥1处；地质灾害规模小型；影响到分散性居民、一般性小规模建筑及设施	破坏山体高度<20 m；露天采坑深度<20 m；地表堆积高度<10 m	破坏山体面积<0.5 hm²；露天采坑面积<0.5 hm²；地表堆积面积<0.5 hm²；黏质和壤质面积>50%	占用林地、草地、湿地2 hm²（含）以上、10 hm²（不含）以下；Ⅰ级、Ⅱ级以外、郁闭度小于0.4的乔木林地、竹林地，覆盖度小于60%的灌木林地和乔木覆盖度20%以上的草地，天然地方公益林、人工国家级公益林，覆盖度大于60%的乔木林地、竹林地、灌木林地，已恢复为郁闭度小于0.4的乔木林地、竹林地、灌木林地和覆盖20%以上草地

19

T/CAGHPER 090—2024

表 D.1 矿山生态损毁单要素评价分级表（续）

分级	区位重要性	地质灾害及隐患	地形地貌破坏	土地资源损毁	植被破坏
轻微	生态保护红线区域以外的其他区域；城镇村周边5 km以上；交通干线两侧2 km以上	无地质灾害及隐患	山体未破坏；不存在露天采坑；无地表堆积	山体未破坏；不存在露天采坑；无地表堆积；黏质和壤质面积＞80%	占用林地、草地、湿地2 hm²（含）以下；Ⅰ级、Ⅱ级、Ⅲ级以外的其他林地、草地；人工商品林，覆盖度20%以下的草地；已经恢复为郁闭度大于0.4的乔木林地、竹林地，植被覆盖度大于60%的灌木林地和草地、湿地

注： 就以上原则，符合某一级别中的一个条件的，即确定为该级别。

分级说明： 1. 占地规模按图斑面积确定等级，当严重级的面积大于或等于图斑面积的50%时确定为严重级，当较严重级的面积大于50%时，累加严重级，较严重级面积，当累加面积大于或等于图斑面积的50%时确定为较严重级，以此类推。 2. 其他的，从严重级到轻微级依次判断，当严重级的面积大于或等于图斑面积的50%时确定为严重级，当严重级的面积小于50%时，累加严重级、较严重级面积，当累加面积大于或等于图斑面积的50%时确定为较严重级，以此类推。

20

表 D.2 矿山生态损毁基本状况评价指标

指标层	权重系数	单要素评价等级	赋值
区位重要性	0.25	严重	10
		较严重	7
		较轻	4
		轻微	1
地质灾害及隐患	0.2	严重	10
		较严重	7
		较轻	4
		轻微	1
地形地貌破坏	0.15	严重	10
		较严重	7
		较轻	4
		轻微	1
土地资源损毁	0.2	严重	10
		较严重	7
		较轻	4
		轻微	1
植被破坏	0.2	严重	10
		较严重	7
		较轻	4
		轻微	1

附 录 E
（规范性附录）
矿山生态损毁数据库建设

表 E.1 矿山基本信息

字段名称	代码	字段类型	字段描述
矿山名称	MINE_NUMBER	VARCHAR(15)	矿山名称
省	PROVINCE	INTEGER	所属省
市	CITY	INTEGER	所属市
县	COUNTY	INTEGER	所属县
经度	LONGITUDE	DECIMAL(8,4)	坐标：经度
纬度	LATITUDE	DECIMAL(8,4)	坐标：纬度
矿山面积	MINE_AREA	FLOAT	矿山面积/hm^2
矿类	MINERALS_TYPE_ID	INTEGER	矿类
矿种	MINERALS_VARIETY_ID	INTEGER	矿种
开采方式	MINE_METHOD	TINYINT	井工、露天、联合、其他
安全隐患	MINE_JKAQ	TINYINT	是或否
土地权属	TD_SYQ	VARCHAR(15)	国家土地使用所有权、集体土地使用所有权、其他
地形地貌	ZY_DM	VARCHAR(15)	陡崖、陡坡、缓坡、平台等
生态保护红线	ST_STBHHX	TINYINT	在生态保护红线范围内，不在生态保护红线范围内
自然保护地	ST_ZYBHPH	TINYINT	在国家公园内，在自然保护区核心保护区内，在自然保护区一般控制区内，在自然公园内，不在自然保护地范围内

表 E.1 矿山基本信息（续）

字段名称	代码	字段类型	字段描述
水源地保护区	DXS_SYDJB	VARCHAR(30)	不在水源地保护区内、一级水源地保护区内、二级水源地保护区内
永久基本农田	ST_YJNT	TINYINT	是否在永久基本农田范围内
破坏距城镇村周边距离	ST_CSZB	DECIMAL(10,2)	与城镇村的距离远近
破坏距交通干道距离	ST_JTGD	DECIMAL(10,2)	与交通干线的距离远近
平均降水量	ZY_PJJY	INTEGER	区域年平均降水量
极端降水量	ZY_JDJY	INTEGER	近5年极端降水量
年积温	ZY_WD	INTEGER	一年内日平均气温≥10℃持续期间日平均气温的总和
气候类型	ZY_QHLX	VARCHAR(15)	区域的气候类型
地下水类型	DXS_DXSLX	ARCHAR(31)	上层滞水、潜水、承压水、孔隙水、裂隙水、岩溶水

表 E.2 矿山生态损毁基本状况

字段项	代码	字段类型	字段描述
矿山名称	MINE_NUMBER	VARCHAR(15)	矿山名称
地质灾害类型	DZZHLX	TINYINT	塌陷及其隐患、滑坡及其隐患、地面塌陷
矿山崩塌隐患ID	DZID	INTEGER	地质灾害编码
经度	LONGTITUD	VARCHAR(31)	地质灾害发生位置坐标
纬度	LATITUDEI	VARCHAR(31)	地质灾害发生位置坐标
斜坡类型	DZ_BTXPLX	TINYINT	自然土质、自然岩质、人工岩质、人工土质（单选）
规模等级	DZ_RTGM	VARCHAR(63)	巨型、大型、中型、小型（单选）
危害对象	DZ_BTWHDX	INTEGER	据实勾选
矿山滑坡隐患ID	DZ_HPID	VARCHAR(31)	滑坡编号
经度	DZ_HPWZJD	VARCHAR(31)	滑坡位置经度
纬度	DZ-HPWZWD	VARCHAR(31)	滑坡位置纬度

表 E.2 矿山生态损毁基本状况（续）

字段项	代码	字段类型	字段描述
滑坡类型	DZ_HPLX	TINYINT	推移式滑坡，牵引式滑坡（单选）
滑体性质	DZ-HPTXZ	TINYINT	岩质，碎屑块，土质（单选）
规模等级	DZ_HPDJ	TINYINT	巨型，大型，中型，小型（单选）
平面形态	DZ_HPPMXT	TINYINT	滑坡体平面形态
危害对象	DZ_HPWHDX	VARCHAR(63)	据实勾选
塌陷、裂缝	DZ_TXID	INTEGER	塌陷、裂缝编号
边界坐标	DZ_TXBJZB	VARCHAR(2000)	坐标串
塌陷坑数	DZ_TXKSL	INTEGER	塌陷坑个数
塌陷分布面积	DZ_TXKFBM	DECIMAL(10,6)	塌陷坑分布面积
塌陷排列形式	DZ_TXKPL	TINYINT	塌陷坑分布方式：集群式，长列式
长轴	DZ_TXKCJ	DECIMAL(10,2)	塌陷坑长度
短轴	DZ_TXKDJ	DECIMAL(10,2)	塌陷坑宽度
深度	DZ_TXKSD	DECIMAL(10,2)	塌陷坑深度
面积	DZ_TXKMZ	DECIMAL(10,2)	塌陷坑面积
形状	DZ_TXKXZ	TINYINT	圆形，椭圆形，方形，其他
裂缝数	DZ_DLSH	INTEGER	地裂缝数量
地裂缝分布面积	DZ_DLFB	DECIMAL(10,6)	地裂缝分布面积
地裂缝排列形式	DZ_DLPL	TINYINT	集群式，长列式
形态	DZ_DLDXT	TINYINT	直线，折现，弧线
延伸方向	DZ_DLDFX	VARCHAR(20)	地裂缝走向
长度	DZ_DLDCD	DECIMAL(10,2)	地裂缝长度
宽度	DZ_DLDKD	DECIMAL(10,2)	地裂缝宽度
山体破坏面积	ST_STPHM	VARCHAR(31)	山体破坏面积
耕地破坏面积	ST_GDPHM	DECIMAL(10,2)	耕地破坏面积

表 E.2 矿山生态损毁基本状况（续）

字段项	代码	字段类型	字段描述
林地破坏面积	ST_LDPHM	DECIMAL(10,2)	林地破坏面积
草地破坏面积	ST_CDPHM	DECIMAL(10,2)	草地破坏面积
园地破坏面积	ST_YDPHM	DECIMAL(10,2)	园地破坏面积
建筑破坏面积	ST_JZPHM	DECIMAL(10,2)	建筑破坏面积
可恢复性	ST-KHFX	TINYINT	破坏复区恢复原地类的难易程度 1.一般；2.较难；3.不能恢复
壤质面积	ST_YZMJ	DECIMAL(10,2)	地表为壤质面积
壤质厚度	ST_YZHD	DECIMAL(10,2)	壤质厚度
黏质面积	ST_NZMJ	DECIMAL(10,2)	地表为黏质面积
黏质厚度	ST_NZHD	DECIMAL(10,2)	黏质厚度
砂质面积	ST_SZMJ	DECIMAL(10,2)	地表为砂质面积
砂质厚度	ST_SZHD	DECIMAL(10,2)	砂质厚度
砾质面积	ST_LZMJ	DECIMAL(10,2)	地表为砾质（或更粗）面积
砾质（或更粗）厚度	ST_LZHD	DECIMAL(10,2)	砾质（或更粗）厚度

表 E.3 矿山植被破坏

字段名称	代码	字段类型	字段描述
占用前林地面积	Q_L	DECIMAL(10,2)	单位公顷
占用前林地中自然保护地面积	Q_L_ZRBHD	DECIMAL(10,2)	单位公顷
占用前乔木林郁闭度大于或等于0.4的面积	Q_L_QM_D4	DECIMAL(10,2)	单位公顷
占用前乔木林郁闭度小于或等于0.4的面积	Q_L_QM_X4	DECIMAL(10,2)	单位公顷
占用前竹林郁闭度大于或等于0.4的面积	Q_L_ZL_D4	DECIMAL(10,2)	单位公顷
占用前竹林郁闭度小于或等于0.4的面积	Q_L_ZL_X4	DECIMAL(10,2)	单位公顷
占用前灌木林覆盖度大于或等于60%面积	Q_L_GM_D6	DECIMAL(10,2)	单位公顷

表 E.3 矿山植被被破坏（续）

字段名称	代码	字段类型	字段描述
占用前灌木林覆盖度小于等于60%面积	Q_L_GM_X6	DECIMAL(10,2)	单位公顷
占用前Ⅰ级保护林面积	Q_L_1	DECIMAL(10,2)	单位公顷
占用前Ⅱ级保护林面积	Q_L_2	DECIMAL(10,2)	单位公顷
占用前Ⅲ级保护林面积	Q_L_3	DECIMAL(10,2)	单位公顷
占用前Ⅳ级保护林面积	Q_L_4	DECIMAL(10,2)	单位公顷
占用前天然林中国家级公益林面积	Q_L_TR_GJ	DECIMAL(10,2)	单位公顷
占用前天然林中地方公益林面积	Q_L_TR_DF	DECIMAL(10,2)	单位公顷
占用前天然林中商品林面积	Q_L_TR_SP	DECIMAL(10,2)	单位公顷
占用前人工林中国家级公益林面积	Q_L_RG_GJ	DECIMAL(10,2)	单位公顷
占用前人工林中地方公益林面积	Q_L_RG_DF	DECIMAL(10,2)	单位公顷
占用前人工林中商品林面积	Q_L_RG_SP	DECIMAL(10,2)	单位公顷
占用前草地总面积	Q_C	DECIMAL(10,2)	单位公顷
占用前草地中自然保护地面积	Q_C_ZRBHD	DECIMAL(10,2)	单位公顷
占用前草地覆盖度大于或等于60%面积	Q_C_D6	DECIMAL(10,2)	单位公顷
占用前草地覆盖度20%～60%面积	Q_C_2_6	DECIMAL(10,2)	单位公顷
占用前草地覆盖度小于20%面积	Q_C_x2	DECIMAL(10,2)	单位公顷
占用前湿地总面积	Q_S	DECIMAL(10,2)	单位公顷
占用前湿地中自然保护地面积	Q_S_ZRBHD	DECIMAL(10,2)	单位公顷
占用前湿地自然保护区内的湿地总面积	Q_S_ZRBHQ	DECIMAL(10,2)	单位公顷
占用前湿地公园内的湿地总面积	Q_S_SJGY	DECIMAL(10,2)	单位公顷
占用前其他自然保护地内的湿地总面积	Q_S_QTBHQ	DECIMAL(10,2)	单位公顷
占用前非自然保护地内的湿地总面积	Q_S_FBHD	DECIMAL(10,2)	单位公顷
现状已恢复乔木郁闭度大于或等于0.4的面积	X_HFQM_D4	DECIMAL(10,2)	单位公顷

表 E.3 矿山植被破坏（续）

字段名称	代码	字段类型	字段描述
现状已恢复乔木林郁闭度小于或等于 0.4 的面积	X_HFQM_X4	DECIMAL(10,2)	单位:公顷
现状已恢复竹林郁闭度大于或等于 0.4 的面积	X_HFZL_D4	DECIMAL(10,2)	单位:公顷
现状已恢复竹林郁闭度小于或等于 0.4 的面积	X_HFZL_X4	DECIMAL(10,2)	单位:公顷
现状已恢复灌木林覆盖度大于或等于 60% 面积	X_HFGM_D6	DECIMAL(10,2)	单位:公顷
现状已恢复灌木林覆盖度小于或等于 60% 面积	X_HFGM_X6	DECIMAL(10,2)	单位:公顷
现状已恢复草地覆盖度 20%~60% 面积	X_HFCD_2_6	DECIMAL(10,2)	单位:公顷
现状已恢复草地覆盖度小于 20% 面积	X_HFCD_X2	DECIMAL(10,2)	单位:公顷
现状仅适宜恢复为林地、草地、湿地以外的其他土地面积	X_HFQT	DECIMAL(10,2)	单位:公顷
现状不具备恢复条件面积	X_BJBHF	DECIMAL(10,2)	单位:公顷